HISTOIRE

DES

CHAMPIGNONS

COMESTIBLES ET VÉNÉNEUX

DE LA CREUSE,

Par M. Théodore BAUD,

NATURALISTE.

BOURGANEUF,

IMPRIMERIE BUISSON, RUE DU PUY

1858.

HISTOIRE
DES
CHAMPIGNONS
COMESTIBLES ET VÉNÉNEUX.

HISTOIRE

DES

CHAMPIGNONS

COMMESTIBLES ET VÉNÉNEUX.

PAR

M. THÉODORE BAUD,

NATURALISTE.

BOURGANEUF

1858.

IMPRIMERIE M. BUISSON A BOURGANEUF (CREUSE).

HISTOIRE DES CHAMPIGNONS

Commestibles et vénéneux

DE LA CREUSE.

En présence des faits d'empoisonnement, qui, tous les ans, attristent de leurs détails lugubres les colonnes des journaux, nous avons pensé qu'il serait opportun d'apprendre à nos lecteurs à distinguer les bonnes et les mauvaises espèces de champignons, afin d'éviter de funestes méprises. Dans ce grave sujet, qui est du domaine de l'hygiène publique, il existe beaucoup de principes erronnés. A la lueur de ces préceptes inexacts, transmis même par certains ouvrages de botanique, on recueille des espèces suspectes, on les confond avec les espèces alimentaires ; car une nuance légère sépare souvent l'aliment du poison, la vie de la mort. Il faut donc comparer avec soin les espèces nuisibles qui se ressemblent afin de mettre en relief les dissemblances. La famille des champignons, si variée dans la forme et dans la multiplicité de ses espèces, se compose de deux tribus principales, les agarics et les bolets ; le chapeau des agarics se compose de lames rayonnantes, chacune de ces lames renferme des milliers de spores, ou graines, disposées quatre à quatre dans de petites cellules visibles seulement au microscope. Les bolets, vulgairement appelés ceps, potirons, ont des tubes à la partie inférieure du chapeau; ces tubes renferment des spores, car c'est ainsi que les botanistes appellent les graines de ces végétaux. Les bolets, comme les agarics, sont tétrasporés, c'est-à-dire, que les graines sont aussi disposées quatre à quatre dans de petites cellules. Les tubes se détachent facilement de la portion charnue. Blancs d'abord, ils jaunissent à mesure que le cep vieillit. Le genre agaric est représenté en France au moins par 450 espèces. Les agarics qui se renccntrent le plus souvent dans nos bois sont les suivants : espèces vénéneuses, ou suspectes : l'agaric émétique que l'on trouve à chaque pas dans tous nos bois, l'agaric fourchu, très commun sous l'ombrage des châtaigniers, l'agaric sanguin, l'agaric poivré, l'agaric caustique, l'agaric soufré, l'agaric fausse-oronge, variété sans tache et commune dans les parties découvertes des bois de Meudon où je l'ai souvent rencontrée, je ne l'ai pas vue dans nos environs : nous avons encore communément l'agaric dartreux, l'agaric blanc fauve, l'agaric vénéneux, l'agaric citrin ; toutes les espèces que nous venons d'énumérer sont dangereuses. Espèces alimentaires : la clavaire coralloïde, la clavaire améthyste, l'hydne sinué, l'hypodrys hépathique, l'agaric alutacé, l'agaric sapide, la chanterelle comestible (vulgairement nommée Girodelle) ; le champignon comestible (vulgairement muscat), l'agaric améthyste, l'agaric mousseron, l'agaric faux-mousseron, l'agaric violet, l'agaric élevé, l'agaric oronge. Nous allons analyser toutes ces espèces, en suivant l'ordre de leur énonciation. Nos descriptions seront claires, exactes, à la portée de ceux mêmes de nos lecteurs qui n'ont pas étudié la botanique.

1° L'agaric émétique a plusieurs variétés toutes plus ou moins âcres. Elles diffèrent par la couleur du chapeau qui est d'un rouge de sang, d'un rose tendre ou blanchâtre, quelquefois pourpre ou violet, couleur de lilas ou d'un gris mêlé de rose, quelquefois jaunâtre ou fauve. Le pédicule, c'est-à-dire le pied du champignon est blanc, cylindrique, plein, haut d'un à deux pouces. Le chapeau est bombé en naissant, ensuite plane, et enfin plus ou moins déprimé au centre, avec les bords sillonnés d'une manière sensible. Les lames sont toujours blanches, simples, presque égales, mêlées à d'autres de moindre longueur. Ce champignon, mâché cru imprime à toutes les parties de la bouche une sensation brûlante, qui persiste pendant quelque temps, mais qu'on dissipe bientôt en se gargarisant avec de l'eau fraîche. Krapfa fait des expériences sur lui-même avec ces champignons et il a couru de grands dangers. L'émétique et une grande quantité d'eau fraîche lui ont sauvé la vie.

2° L'agaric fourchu. On reconnaît cette espèce à ses lames blanches, épaisses, rares, presque toute bifurquées vers la moitié ou les deux tiers de leur longueur, et adhérentes au pédicule; son chapeau est d'un vert terne, farineux, et comme moisi, large de trois ou quatre pouces, d'abord plane, ensuite déprimé vers le centre, avec les bords un peu recourbés en dessous. Le pédicule est blanc, épais, cylindrique, long d'environ deux pouces, d'abord plein, puis creux ou spongieux. On trouve ce champignon en juin et juillet dans tous nos bois. Il ne faut pas le confondre avec l'agaric verdoyant, excellent champignon, très-rare dans nos bois. L'agaric verdoyant, généralement employé dans le midi de la France sous le nom de verdette, a un chapeau charnu, convexe, un peu déprimé, large de deux à quatre pouces, verdâtre, d'une teinte plus foncée à son disque, quelquefois d'un vert blanchâtre sur les bords. Sa surface est sèche, un peu ridée et comme fendillée, les lames sont blanches, épaisses, peu nombreuses, quelquefois bifurquées. Le pied est blanc, plein, épais, et n'a guère qu'un pouce et demi à deux pouces de longueur. Cette espèce est commune en été dans les bois des environs de Paris. Sa chair est très blanche, ferme, d'une légère odeur de champignon, et d'une saveur douce, prélude d'une heureuse digestion.

3° L'agaric poivré est commun au milieu de nos bois. Il a un chapeau glabre (latin *glaber*, dépourvu de poil), déprimé au centre, ondulé et sinué en ses bords, d'un blanc de neige dans le premier âge. Peu à peu ce chapeau s'étend, se creuse en entonnoir, devient quelquefois très-ample, et prend enfin une teinte un peu jaunâtre; les feuillets sont ordinairement très nombreux, inégaux, souvent fourchus, d'abord blancs, ensuite de couleur paille. Le pédicule est blanc, plein charnu, épais cylindrique, haut d'environ deux pouces. Il a une variété qui se distingue par ses lames de couleur rosée. L'agaric poivré a une chair blanche, cassante; toutes ses parties contiennent un lait visqu'eux, abondant et très-âcre, qui coule par gouttes, aussitôt qu'on les blesse. Jean Bauhin avait autrefois éprouvé sur lui même son action irritante. Plenck nous dit qu'il irrite vivement les tuniques de l'estomac, provoque la cardialgie et peut même donner la mort. L'agaric poivré contient un principe gélatineux, et une liqueur laiteuse, qui devient concrète et se dissout parfaitement dans l'alcool; la teinture qui en résulte est d'une belle couleur d'or. D'après l'analyse de Monsieur Braconnot, ce champignon fournit de l'albumine, de l'adipocère, des cristaux de sucre, de l'acétate de potasse. Le docteur Dufresnoy assure l'avoir donné avec succès dans le premier degré de la phtisie pulmonaire.

4° L'agaric sanguin. Ce beau champignon a un chapeau d'un rouge cramoisi ou couleur de sang, d'abord convexe, ensuite aplati ou déprimé au centre, avec les bords un peu déjetés et non striées ce qui le distingue de l'agaric émétique. Les feuillets sont blancs, nombreux; le pédicule est blanc, épais, cylindrique, souvent marqué de stries roses. Il croît solitaire dans les bois, vers le mois d'août. On le trouve ordinairement au pied des grands arbres. Sa chair est blanche, d'une âcrete brûlante, et néanmoins assez souvent rongée des vers. Le 2 novembre, au matin, dix individus, dont six conscrits réfractaires, cueillirent dans une forêt voisine de Strasbourg, des champignons de cette espèce, et en mangèrent beaucoup. M. Claude, médecin de la ville, vit ces malheureux vers les trois heures de l'après-midi. Quatre qui avaient mangé moins de champignons, et qui avaient provoqué le vomissement au moyen de l'eau tiède et de la titillation du gosier furent peu incommodés. Les six autres éprouvèrent une irritation vive de tout le canal alimentaire, des vomissements, des tranchées, avec soif ardente, cardialgie, anxiété, oppression, évanouissement. Ils avaient les paupières enflées, les yeux hagards, ouverts, saillants hors de leurs orbites, le pouls plein et petit par intervalles, les mâchoires serrées. M. Claude provoqua le vomissement tant par l'émétique, que par la titillation de la gorge, au moyen de la barbe d'une plume. L'estomac entièrement débarrassé, on donna un lavement purgatif, et immédiatement après, plusieurs verres de décoction de quinquina. Ces moyens suffirent pour faire cesser les accidents, chez cinq de ces malades. Chez le sixième, homme d'une forte constitution, on observa les symptômes suivants : ballonnement de l'abdomen, tension, sensibilité extrême de l'épigastre, trismus des plus violents, figure décomposée, pouls petit, coma profond, de temps en temps délire taciturne, soubre-sauts des tendons, extrémités froides. Un nouvel émétique provoqua des vomissements copieux, l'abdomen fut moins distendu, et il y eut moins de sensibilité à l'épigastre, nouveau purgatif, évacuations abondantes, abdomen dans l'état naturel, addition de la poudre de quinquina à la décoction de cette écorce.

Le malade reprenait de temps en temps sa connaissance, mais bientôt après il retombait dans le même état d'assoupissement. Les extrémités étaient toujours froides. On frictionne la plante des pieds avec une brosse, le front et les tempes avec du vinaigre, on fait respirer l'ammoniaque. Le coma, qui durait depuis trois heures, cessse tout à coup, et fait place à un délire, gai d'abord, ensuite furieux et accompagné d'une extrême loquacité ; plusieurs hommes pouvaient à peine contenir le malade. Au bout d'une heure, le délire cessa, il survint du calme, et un sommeil d'environ trois quarts d'heure. Le malade, en se réveillant, ne se rappelait rien et ne se plaignait que d'un peu de lassitude.

5° L'agaric caustique. Cet agaric est d'une moyenne dimension, son pédicule est cylindrique, plein, haut d'environ deux pouces, et d'un roux fauve. Son chapeau est plane, un peu creusé au centre, d'un gris bistré, ou d'un jaune livide, et marqué de zones concentriques noirâtres, les lames sont inégales, écartées, rougeâtres. Il croît dans les lieux sombres des bois en août et en septembre ; il distille un suc laiteux d'une âcreté extrême.

6° L'agaric soufré est entièrement d'un jaune de soufre ; il a un pédicule haut de deux à trois pouces, plein, fibreux, cylindrique, un peu renflé vers la base, un chapeau charnu, convexe, ordinairement mamelonné au centre dans son premier développement, et un peu déprimé dans sa vieillesse, long d'environ deux pouces, les feuillets sont un peu arquées, il est commun aux environs de Vélisy, dans le parc de Meudon, et sur les pelouses de nos campagnes. Le professeur Orfila dans ses leçons de médecine légale dit que l'agaric soufré n'est pas dangereux ; nous ne partageons pas cette opinion, à cause de son odeur nauséeuse.

7° L'agaric fausse oronge, variété à tâches blanches, agaric moucheté. Cette espèce est d'une admirable beauté, son pédicule est épais, bulbeux à sa base, plein, blanc, haut de quatre à six pouces, et soutient un chapeau convexe dans sa jeunesse, et plane dans son développement parfait ; ce chapeau est large de six à neuf pouces, et d'une belle couleur écarlate, plus foncé dans le milieu qu'à la circonférence, il est ordinairement chargé de petites peaux blanches qui le rendent agréablement moucheté ; ses lames sont d'un blanc de lait ; celles de la véritable oronge sont d'un jaune orangé, ainsi que le pied et l'anneau, qui sont toujours d'un jaune orangé dans la vraie oronge, et constamment blancs dans la fausse oronge ; la vraie oronge a un volva, une enveloppe membraneuse, une bourse, qui entoure l'oronge à sa naissance, et qui se déchire peu à peu à mesure que l'oronge se développant, sort, pour ainsi dire, des langes qui protégeaient son berceau ; la fausse oronge a un volva incomplet, c'est-à-dire que la membrane qui entoure le pied n'enveloppe pas entièrement le champignon à sa naissance, l'oronge a d'ailleurs un parfum suave, avant-coureur de ses bonnes qualités ; la fausse-oronge a une odeur désagréable et non une odeur de champignon, comme l'a dit à tort le docteur Paulet. Le bulbe du pédicule exhale particulièrement une odeur forte et nauséabonde; il a deux variétés : l'une a des verrues d'une couleur dorée ou citrin, ainsi que l'anneau dont les bords sont finement dentés; le pédicule est épais, bulbeux renflé à sa base, et d'un blanc teint de jaune; l'autre variété a le chapeau uni; dépourvu de verrues, ses teintes sont plus douces, surtout vers les bords où le jaune domine. Elle est rare aux environs de Paris. M. Dubois l'indique dans la forêt d'Orléans; comme elle n'est point mouchetée, on pourrait la prendre pour la véritable oronge, mais on ne s'y trompera point si l'on fait attention que les feuillets de la véritable oronge sont constamment orangés, tandis qu'ils sont blancs dans la fausse oronge et dans ses variétés.

La fausse oronge (variété à taches blanches) est très-commune dans les bois de bouleaux; la nature du climat ne modifie en rien les qualités malfaisantes de ce cryptogame, il est vénéneux dans tous les pays. Son dôme de pourpre est d'une beauté perfide, il recèle la mort. Les auteurs de la maison rustique au dix-neuvième siècle, ouvrage recommandable à d'autres égards, mais dont les auteurs ont eu tort d'écrire sur les champignons qu'ils ne connaissent pas, prétendent que l'oronge, alimentaire dans le midi de la France est vénéneuse à Paris. C'est une erreur, la véritable oronge n'est pas plus funeste aux Parisiens qu'aux méridionaux; seulement les habitants de Paris s'empoisonnent souvent avec la fausse oronge très commune dans leurs environs, tandis que la véritable oronge n'a jamais été observée aux environs de Paris, pas même dans la forêt de Fontainebleau, où Paulet dit l'avoir rencontrée. Les Italiens, dans leur langue si grâcieuse et quelquefois si riche en expressions énergiques et pittoresques, appellent la fausse oronge *ovolaccio, ovolo malefico*, petit œuf perfide, petit œuf malfaisant, ils ne se laissent pas séduire par ses brillantes couleurs. Dans le Nord, elle n'est pas moins nuisible, et, malgré l'assertion contraire de quelques auteurs, les Russes n'ont pas le privilège de manger impunément la fausse-oronge, témoin l'accident funeste arrivé à la veuve du czar Alexis, qui perdit la vie pour avoir mangé de semblables champignons. Vauquelin a obtenu de la fausse-oronge, par l'analyse chimique, plusieurs sels, et une substance grasse dans laquelle réside son action vénéneuse. La fausse oronge, administrée aux animaux par des expérimentateurs les a empoisonnés, elle n'est pas moins funeste aux hommes, comme l'attestent de nombreuses observations, parmi lesquelles nous citerons le fait suivant. Madame la princesse de Conti fut empoisonnée à Fontainebleau avec la fausse oronge. Deux heures après le dîner, elle éprouva des envies de vomir, accompagnées de défaillances et d'anxiété ; enfin elle tomba dans un état de stupeur et d'anéantissement qui fit craindre pour sa vie. Vingt-sept grains de tartre émétique, administrés dans la journée n'avaient encore produit aucun effet, lorsque le suc de raifort, et surtout un lavement préparé avec une forte décoction de tabac, procura l'évacuation entière des champignons. La princesse rendit beaucoup de sang par les selles : sa convalescence fut longue, le fait contribua beaucoup à son rétablissement.

Le docteur Paulet, à qui nous devons cette observation, a recueilli quelques autres faits sur l'action délétère de la fausse-oronge ; les symptômes s'y montrent cependant avec moins d'intensité. Les vomitifs, l'eau tiède, les boissons miellées, ont suffi pour faire rejeter le poison.

8. L'agaric dartreux. Ce champignon a un pédicule blanc, haut d'environ trois pouces, un peu aminci au sommet, plus épais et renflé en forme de bulbe à sa base, muni d'un anneau de la même couleur et dont les bords sont denticulés. Le chapeau est d'abord de forme hémisphérique, ensuite presque plane, large de deux à trois pouces, couleur de feuille morte, ou d'un roux plus ou moins prononcé, strié sur les bords, taché de petites écailles ou pellicules blanches, nombreuses, agglomérées sur toute sa surface, et qui lui donnent

un aspect dartreux. Les feuillets sont multipliés, entremêlés de quelques feuillets plus courts et d'une couleur blanchâtre. Cette espèce est commune en automne, au bord des bois; sa chair est blanche, ferme, mais elle n'a rien d'agréable au goût, ni à l'odorat. On doit s'en défier.

9. Agaric citrin. C'est une espèce très délétère, qu'on rencontre à chaque pas dans nos bois, vers la fin d'août et pendant une partie de l'automne. Elle est enveloppée, en sortant de terre, d'un volva, ou d'une bourse, dont il reste des fragments sur le chapeau, sous la forme de plaques irrégulières, plus ou moins larges et d'un blanc grisâtre. Ce chapeau est convexe, un peu aplati, large de deux à trois pouces, légèrement strié sur les bords, d'un jaune citron, ou serin, doublé de lames blanches, inégales, et un peu arquées; le pédicule est cylindrique, élancé, ordinairement blanc, bulbeux, pourvu d'un anneau un peu teint de jaune et dont les bords sont finement dentés; sa chair est blanche, d'une odeur vireuse, analogue à celle qu'exalent les substances moisies. La plus petite dose excite le dévoiement chez les animaux. Un chat, à qui le docteur Roques en a donné environ un gros, a eu des spasmes et le dévoiement, un autre, qui en avait pris une plus forte dose, a péri dans les convulsions.

10. Agaric vénéneux. Ce champignon ressemble au champignon de couche, et cette malheureuse ressemblance a donné lieu à de nombreux empoisonnements. Elle est blanche dans toutes ses parties, enveloppée à sa naissance d'un volva de la même couleur. Son chapeau est légèrement convexe, large de deux à quatre pouces, d'un blanc mat, souvent taché par quelques fragments du volva, et quelquefois tant soit peu teint de jaune vers le centre. Les lames, toujours blanches, sont recouvertes, en naissant d'une membrane légère, qui se détache ensuite et reste adhérente autour du pédicule, où elle forme un collier mince assez large. Les caractères essentiels qui distinguent l'agaric vénéneux du champignon de couche, avec lequel on l'a souvent confondu, sont les sui-

vants : le champignon de couche n'a point de volva ou d'enveloppe, tandis que cette membrane laisse toujours quelques traces sur le chapeau, ou à la base du pédicule de l'agaric vénéneux. Le premier a la surface sèche, et se pèle aisément; il a d'ailleurs une saveur agréable et une odeur aromatique. Le second a la surface un peu humide; la peau adhère fortement à la chair et ne peut s'enlever. Il exale une odeur désagréable, vireuse, malgré l'assertion contraire du docteur Paulet. Les feuillets du champignon comestible sont d'un blanc rosé, ceux de l'espèce vénéneuse sont constamment blancs.

Le docteur Paulet a recueilli dans son ouvrage plusieurs faits d'empoisonnement produits par l'amanite citrine ou agaric citrin, nous citerons l'observation suivante : M. Guibert, sa femme, sa fille, deux garçons étrangers et un domestique, mangèrent à dîner une certaine quantité d'agarics citrins; vers trois heures après minuit, Madame Guibert fut réveillée par un rêve effrayant. Elle éprouva des nausées, des vomissements et un assoupissement continuel. On lui donna l'émétique qui lui fit rendre des portions de champignon, et la soulagea beaucoup, mais elle fut environ trois semaines à se rétablir. M. Guibert fut pris d'un choléra morbus, avec des crampes très-douloureuses. Les évacuations le sauvèrent; aucun de ces individus n'eut de la fièvre. Tous, excepté M. Guibert, furent frappés de stupeur, la fillle et un des garçons qui avaient refusé de prendre de l'émétique moururent. Un chat qui en avait léché les assiettes était sur le point de périr lorsqu'on le fit tuer.

Autre observation.

Cinq personnes mangèrent vers le soir des mêmes champignons simplement préparés avec du beurre, du poivre et du sel. Le lendemain, elles éprouvèrent un malaise général, des nausées, des douleurs d'estomac, des anxiétés et des vomissements. Vers midi on leur donna du lait, de la thériaque et des vomitifs sans aucun succès. Elles furent dans le même état pendant quatre jours.

Trois de ces individus périrent après avoir enduré des douleurs aigües dans le canal digestif, mais sans convulsions et sans perdre connaissance; leur corps était couvert de taches livides, les dents et les gencives étaient noires, la bouche ulcérée; l'anus phlogosé. Un chien et un chat, qui avaient mangé de ce ragoût, périrent le lendemain. (Gazette de santé).

On reconnaîtra sans peine l'insuffisance ou plutôt l'absurdité de ce traitement. Lorsqu'on administra la thériaque, et l'émétique, il existait déjà une inflammation gastrique, qui dût s'accroître par ces remèdes.

Trois de ces malheureux éprouvent des douleurs atroces pendant quatre jours, et l'on néglige les évacuations sanguines, base essentielle de la méthode antiphlogistique! Paulet pense que les vomissements n'ayant point produit l'effet désiré, les purgatifs auraient pu être du plus grand secours dans cette circonstance, mais l'indication la plus urgente n'était-elle pas de calmer la phlogose gastro-intestinale par les saignées, les boissons gommeuses, les topiques émolients, etc.? Les évacuants, si utiles au début de l'empoisonnement, c'est-à-dire lorsque les organes gastriques n'éprouvent encore qu'une irritation médiocre, sont à coup sûr contre indiqués par les anxiétés, les vomissements, la vivacité et la permanence de la douleur.

En pareil cas c'est un nouveau poison qu'on introduit dans le canal alimentaire.

Maintenant que nous avons clos cette sinistre et funèbre revue, passons à une énumération plus riante, celle des espèces alimentaires.

1° Clavaire coralloïde. Cet excellent champignon présente un tronc très-épais, divisé en un grand nombre de rameaux cylindriques, taillés en branche de corail et dont la surface est comme ondulée. Sa couleur est d'un jaune pâle; on en distingue plusieurs variétés différentes par leurs couleurs. La clavaire blanche est moins parfumée que la jaune, qui est très-abondante dans les bois d'Epagne où nous en avons fait une copieuse récolte. En Italie, la clavaire est connue sous le nom de dittosa (plante digitée) de manine, qui a la même signification de barba caprina : on l'appelle aussi en France, barbe de chèvre.

La chair de la clavaire coralloïde est blanche, cassante, d'une saveur agréable, d'une odeur légère de champignon : elle fournit une nourriture très-saine et d'une digestion facile.

2° La clavaire améthyste se distingue à ses ramifications violettes comme le diamant dont elle porte le nom. Ce diamant végétal se trouve quelquefois dans l'écrin de nos bruyères, mêlé aux corolles roses de ces charmantes fleurs. Elle est entièrement de couleur lilas, où d'un violet plus ou moins intense ; sa hauteur est de un à deux pouces. Cette petite plante a un goût très fin ; mais, comme le petit poisson de Lafontaine ;

Il en faudrait cent de sa taille
Pour faire un plat..........

Laissons donc la Clavaire violette aux [illegible]res roses, elle est leur parure comme le lycène adonis, beau papillon aux ailes d'azur.

3° L'hydne sinué. On rencontre ce champignon sous les [illegible] détachées par les vents d'automne de la guirlande des bois. Mais, laissons le prisme du poète, et reprenons le scapel topographique et analytique du botaniste. J'ai souvent cueilli l'hydne sinué en automne, dans les bois des environs de Paris. Les habitants de Limoges mangent ce champignon. On le reconnaît à son chapeau blanchâtre ou couleur chamois, délicieuse couleur pour un chasseur affamé : la partie inférieure du chapeau est hérissée d'aiguillons fragiles et inégaux. Le pédicule est blanchâtre, épais, renflé et courbé à sa base. La chair de l'hydne sinué est ferme, d'une blancheur permanente, mais ainsi que quelques espèces d'une texture ferme elle a besoin d'une cuisson prolongée. Nous empruntons au docteur Roques, notre savant et aimable Cicérone dans la science mycologique, les anecdotes suivantes, nous pensons qu'elles distrairont nos lecteurs, fatigués peut-être de la monotonie de nos descriptions.

En 1827, dit l'auteur de la phytographie médicale, j'ai parcouru avec M. Martell les bois de Saint-Assise, département de Seine-et-Marne. Nous y avons cueilli une grande quantité de ces champignons, que nous avons mangés avec d'autres espèces chez M. Arnaud, propriétaire de la charmante campagne de Beaulieu. L'année suivante, vers la fin d'octobre, nous avons également fait ensemble une excursion dans les bois de Fleury. Les ceps, qui abondent dans cette partie des bois de Meudon avaient entièrement disparu; mais il y avait encore une grande quantité d'hydnes, couleur de chamois, dont nous fîmes une ample provision, et que nous préparâmes nous-mêmes chez le garde de la forêt. Nous avions à peine commencé notre frugal repas, lorsqu'un bon vieillard, parent du garde, et qui avait assisté à notre préparation culinaire, vint nous supplier de lui faire goûter de ces champignons sauvages, dont le parfum l'avait charmé. A l'instant même nous le fîmes asseoir à notre table, et nous lui servîmes une assez forte portion de nos cryptogames, qu'il mangea avec délices, car il n'en laissa pas un atôme sur son assiette. Hélas! peut-être n'a-t-il manqué à ce villageois qu'un peu d'or pour devenir un parfait gastronome. Mais, ce qui ajouta à sa bonne fortune, ce fut l'apparition d'un flacon poudreux de vin de Médoc que M. Martell, avait prudemment exhumé de son excellente cave. Notre heureux convive en eut sa part, et le plaisir qui brillait dans ses yeux nous disait qu'il conserverait long-temps le souvenir de cette courtoisie.

M. Sigé, et M. Hocquart, amateurs distingués, m'ont accompagné pendant plusieurs saisons dans mes courses mycologiques, et nous avons mangé chez le même garde des mêmes champignons préparés de la même manière. Nous n'en étions que plus alertes, et mieux portants. M. Darbonne, M. Jéry et M. Frosté, maintenant pharmacien major à l'armée d'Afrique, tous les trois mycophiles de bonne humeur, et de bon appétit, ont voulu visiter avec moi la chaumière du garde, l'hydne fit encore en grande partie l'ornement de notre festin. Un plat copieux de ces champignons, assaisonnés de beurre, poivre, sel, et où l'on avait introduit de petits morceaux de jambon, disparut en un clin d'œil, et il fallut lui donner pour auxiliaire une immense omelette parfumée avec quelque fines herbes, fraîchement cueillies. Ce renfort, et quelques verres de vin de Bordeaux, viatique que M. Darbonne n'oublie jamais, calmèrent entièrement le gaster exaspéré par une faim dévorante. Enfin, il y a peu de jours que nous avons parcouru les bois de la Malmaison, avec M. le colonel Viriot, M. Marteil, et mon habile confrère M. Bertin. Nous y avons cueilli un plat des mêmes champignons, je les ai préparés moi-même avec du beurre, du verjus, de la muscade rapée, poivre, sel, une pointe d'ail, et quelques cueillerées de jus de volaille. Ce ragoût, dressé en dôme sur des rôties de pain bien minces et bien dorées, a été servi sur la table de M. Bertin, et grâcieusement accueilli par tous les convives, les dames surtout ont bien voulu faire l'éloge de la bonne mine et du parfum de cette friandise qu'elles ne connaissaient pas encore.

L'odorat sert le goût, et l'œil sert l'odorat.

. . . .

Ainsi tout se répond, et, doublant leurs plaisirs,
Tous les sens, l'un de l'autre éveillent les désirs.

DELILE.

Quelques libations de vin de Madère, et une tasse d'excellent Moka, ont préludé à la plus heureuse digestion.

4° L'hypodrys hépatique, ainsi nommé du grec *upo* sous et *drus* chêne, parce qu'on le trouve sur les chênes, et du mot grec *hépar* foie de veau. Il est charnu, molasse, d'un rouge brun, fixé latéralement à un pied très-court. On l'appelle en France, foie de bœuf, langue de bœuf. J'en ai mangé un qui était acide et d'une qualité médiocre, sa chair rouge avait la couleur de la pulpe d'une betterave. Ce champignon n'a d'autre mérite que son énorme volume. Il convient aux gourmands et non aux gourmets.

5° L'agaric alutacé. Cet agaric a un chapeau large, charnu, d'abord convexe, ensuite plane et légèrement déprimé, rouge et sillonné sur les bords dans son entier développement; sa surface est sèche et se détache facilement de la chair, les lames sont larges, luisantes, d'un jaune de peau, le pédicule est blanc, ordinairement allongé. Il a une variété dont le chapeau est campanulé (en forme de cloche) de couleur rose doublé de lames jaunâtres. Ces deux espèces ou variétés croissent en été et en automne dans les forêts parmi les gazons. Elles ont une chair douce et savoureuse dont on peut faire usage sans inconvénient. Mais il faut bien se garder de les confondre avec l'agaric émétique ou avec l'agaric sanguin. Pour éviter une méprise qui pourrait vous conduire à la vie éternelle plutôt que vous ne désireriez, il suffira que vous observiez attentivement les feuillets; ils sont toujours jaunes, dans les espèces alimentaires, toujours blancs dans les espèces vénéneuses.

6° La chanterelle (*Cantharellus cibarius*) du latin *Chantharellus*, petite coupe. Ce champignon ressemble en effet à une coupe dorée. Il est d'abord arrondi, et se creuse ensuite en entonnoir, la face inférieure de son chapeau est marquée de cannelures, une ou deux fois bifurquées. Ce joli champignon est connu dans la Creuse sous le nom de Giraudelle, sa chair est blanche, cassante, d'une odeur légère de champignon, et d'un goût piquant mais agréable. Elle n'a qu'un défaut, c'est d'être un peu coriace. On peut dessécher facilement les giraudelles et en faire des provisions pour l'hiver. Confits et salés, ils peuvent remplacer les cornichons.

Connaissez-vous, dit l'aimable docteur Roques, le petit vallon de Bue et ces belles arcades qui le coupent transversalement, et ces fraîches prairies où la Bièvre serpente et mur-

mure, et ces fleurs charmantes et ces jolis champignons qui foisonnent au bord des bois.

Si vous aimez la chanterelle, transportez-vous aux pieds de la colline, vous la trouverez sur la mousse, où elle se dessine, se redresse, se contourne de mille façons. Quelquefois elle se cache sous les feuilles sèches du châtaignier ou du chêne, soulevez légèrement ces feuilles, elle vous apparaîtra avec son petit chapeau tout rayonnant d'or.

Cherchez encore la chanterelle dans les bois de Gonart, tout près du carrefour de l'orme. Ecoutez tous ces petits oiseaux qui font retentir les taillis, mélodie douce, simple, ravissante. Si vous aimez les petites herbes sauvages, cueillez le polygala aux ailes d'azur, ou bien le polygala aux lèvres de roses, plus vif, plus léger, plus attrayant.

Voulez-vous prolonger votre promenade, gravissez le côteau, traversez la plaine, et dirigez vos pas vers le vallon de la Trinité, d'autres disent le vallon de Château-fort. Voyez en passant l'église du hameau assise sur un petit tertre d'où vous découvrez un charmant paysage, descendez dans la vallée, et cueillez la menthe au parfum suave, et la belle salicaire, cette coquette rose qui se mire dans les eaux, et la véronique dont la corolle d'azur, nous rappelle le ciel, séjour de la bienheureuse sainte dont elle porte le nom; et la valériane qui verse la guérison et l'espoir dans le calice amer de la souffrance. Surtout ne dédaignez pas cette plante rustique, le matinal pissenlit qui se réveille au clairon perçant du coq, et dont l'amertume est si salutaire : mais fuyez la ciguë homicide, à l'odeur nauséabonde, à la tige sanglante.

6° Le champignon de couche, ou champignon comestible. Le champignon de couche, est connu dans la Creuse sous le nom de muscat, nom qu'il doit à son délicieux parfum. On l'appelle champignon de couche, parce que c'est celui que les jardiniers cultivent dans toute l'Europe. Il est très facile à reconnaître à ses feuillets d'abord d'une couleur rosée ou d'un violet tendre puis fuligineux (couleur de suie), et enfin noirs dans leur vieillesse; son chapeau est d'un blanc jaunâtre et plus ou moins écailleux ou moucheté. Une variété du champignon de couche porte un chapeau uni et d'un blanc pur, il exhale un délicieux parfum. On l'appelle boule de neige. On a donné à ces champignons des noms vulgaires qui varient suivant les localités dans quelques départements du Midi, et on désigne par les noms de pradelos, pradels ou pradelets, ces hôtes des prairies; dans le département de Maine-et-Loire, on les appelle cluseau, nom que l'on donne dans la Creuse, à l'agaric élevé, comme nous le verrons bientôt. Les champignons de couche ont une chair blanche, cassante et très-parfumée. D'après l'analyse de Vauquelin, le champignon de couche, notre muscat, contient de l'adipocire, de la graisse, de l'osmasome (principe sapide qui se trouve dans la viande cuite,) une substance animale insoluble dans l'alcool, du sucre, de la fungine, de l'acétate de potasse.

Pour faire venir dans votre jardin le champignon de couche, dressez une couche avec du fumier de mulet ou d'âne, en mettant dessus quatre doigts de menu fumier, et, après que la grande chaleur de la couche sera passée, jetez dessus toutes les épluchures et l'eau où l'on aura lavé ceux que l'on apprête à la cuisine, avec tous les vieux mangés des vers ou des limaçons. Cette couche vous en produira de très-bons et en peu de temps. Si vous jetez de cette eau de lavure sur les couches à melon, elles pourront vous en produire.

Ces plantes, dont les Romains faisaient beaucoup de cas, n'ont rien perdu de leur célébrité; tous les gastronomes les recherchent comme un met délicieux, et quelques uns les cultivent eux-mêmes avec un soin particulier.

> Là naît ce champignon, délice des festins,
> Que l'art fait quelquefois naître dans nos jardins.
>
> Castel : Les plantes.

L'agaric de couche est un champignon européen. On le mange à Vienne, à Berlin, il paraît qu'il y a autre chose que des juges dans la capitale de Prusse, à Saint-Pétersbourg à Londres, à Rome, à Naples, et surtout à Paris, où il s'e fait une consommation prodigieuse. On les cultive dans le potagers, dans les champs, dans les caves, dans les carrières On peut les manger grillés sur le gril et simplement assaisonnés d'huile, de sel et de poivre. Nous offrons aux modestes mai utiles ménagères, la préparation suivante, qu'elles pourron exécuter dans ces laboratoires où leurs adroites mains prépa rent les délices de la friandise.

Champignons sur le plat.

On épluche et on coupe par morceaux les champignons feuillets roses nouvellement récoltés dans la prairie. On le lave à l'eau froide, et on les essuie en les pressant dans u linge. Ensuite, on les met sur le plat avec du beurre, du persi du sel et du poivre. On les fait cuire sur un feu vif, et l'on ajoute, si l'on veut, au moment de servir, de la crême o des jaunes d'œuf pour les lier. Que nos lecteurs nous perme tent un peu de cuisine, à propos des bons champignons, nou avons fait assez de médecine avec les mauvais; prémunir guérir, régaler nos lecteurs tel est le but de notre ouvrage S'il s'y glisse quelque hérésie médicale, nous en demandon pardon aux honorables médecins qui ont bien voulu souscri re à notre travail nous qui ne savons pas un mot de médecine et qui la rencontrons sans cesse dans nos excursions botani ques, succursales de leur art savant. Au reste nous n'aspiron pas au *dignus intrare*; nous résumons les utiles, les philan tropiques travaux de leurs confrères.

7° L'agaric améthyste est un petit champignon entièremen violet qu'on rencontre à chaque pas dans les sentiers des boi parmi les feuilles sèches. Il est commun dans le bois du Crau bienfaisante patrie des gentianes amères; ce beau champigno paraît avec un chapeau arrondi, dont les bords sont liés a pied par une membrane lâche soyeuse, semblable à une toil d'araignée, ce qui a fait appeler cortinaria le genre auquel i appartient (latin, *cortina* rideau). Le chapeau est d'un viole pourpre, avec des lames de la même couleur. Le pied est violet, épais, filandreux, tubéreux ou renflé à sa base, et muni d'un anneau peu marqué, toute sa substance est d'un blanc teint de violet. On peut l'inscrire parmi les espèces alimentaires.

8° Agaric mousseron *(agaricus albellus)*, j'espère que vous m'épargnerez de vous parler latin. A. de Musset. Vous me passerez ce mot là, parce qu'il résume la blancheur et la petitesse de ce crygtogame délicat. Albellus veut dire en effet, petit blanc.

Petit blanc, mon bon frère,
Mon petit blanc si doux etc.

Les botanistes l'ont appelé mousseron, parce qu'il a ordinairement pour nid le vert tapis des mousses, où se dessinent ses ombrelles blanches et parfumées. Il mêle son arôme aux dernières brises du printemps. Son chapeau est d'un blanc mat ou d'un jaune très-pâle, large d'environ deux pouces dans son parfait développement, lisse et sec à sa surface, d'abord sphérique, puis convexe, très charnu et ondulé sur les bords qui sont un peu repliés en dessous. Les feuillets de son dôme d'ivoire sont nombreux, très-étroits, presque linéaires, un peu decurrents, blancs à leur naissance, puis d'un léger incarnat; le pied est plein, charnu, très-court, renflé et velu à la base, de la même couleur que le chapeau. Le mousseron blanc établit ses colonies, vers la fin du printemps, dans les prés montagneux, les bois, les friches. Bénissons cette mystérieuse, cette ineffable providence qui sème les terres incultes de champignons embaumés. Le mousseron est commun dans nos départements méridionaux, région privilégiée, berceau des oronges et des mousserons. L'herbe ou la mousse qui leur sert de retraite est ordinairement d'un vert plus foncé. On les appelle mousserons dans les départements de l'Hérault, du Tarn, de l'Aveyron. Ces petits champignons ont une chair blanche, épaisse, ferme, d'un goût et d'un parfum délicieux. On les conserve desséchés, et il s'en consomme à Paris une assez grande quantité sous le nom de mousserons de Provence ; on les appelle aussi mousserons blancs, champignons muscats, noms que nous avons attribués dans notre pays au champignon de couche à cause de son odeur musquée. Les meilleurs nous viennent des bouches du Rhône, de l'Isère et des Pyrénées. Montagnes des Pyrénées vous êtes mes amours, vous et surtout vos mousserons. La nature les sème tous les ans dans la délicieuse vallée du Grésivaudan, sur les coteaux du Languedoc ou de la Provence, cette terre chérie que l'exilé de Casimir Delavigne salue de ses longs adieux.

Voulez-vous, lecteur, que je vous apprenne à vous régaler d'une croûte aux mousserons, et que je me fasse cuisinier pour vous plaire, moi qui n'ai jamais su tenir, tant seulement, la queue de la poèle; voici ma recette friande. Prenez du pain bien chapelé, coupez-le en petits croûtons arrondis que vous faites tremper dans du lait et frire de belle couleur; après les avoir égouttés vous les dressez dans un plat, et vous versez dessus le ragoût de mousserons, composé de la manière suivante : Epluchez et lavez les mousserons, et passez les au beurre avec une pointe d'ail, un peu de jus de citron, poivre et sel, nourrissez-les de bouillon ou de consommé, et laissez-les cuire à petit feu. Nous vous ferons grâce des mousserons à la crême, et des mousserons à la Provençale, pour ne pas vous donner d'indigestions. La botanique, vous le savez, est une auxilliaire de la médecine, elle doit veiller à votre santé. Contentez-vous d'un ragoût de mousserons.

9. Agaric faux-mousseron, agaric tortile des botanistes (*agaricus tortilis)*, parce que le pied se tord comme une corde, par la dessication; suivant les localités, on le nomme faux mousseron, mousseron pied dur, mousseron d'automne, mousserons de Dieppe ou d'Orléans. Il est très-parfumé et d'un goût très-agréable, il est très-commun sur le bord de nos routes où on le rencontre par groupes en mai, août et septembre. Le chapeau du faux mousseron est d'abord hé-

misphérique, puis conique, ou un peu mamelonné, quelque fois applati, large d'environ deux pouces, et d'un jaune fauve ou d'un blanc roux. Les lames sont inégales, libres, plus colorés sur les bords. Le pédicule est cylindrique, grêle, fibreux. On le trouve dans la forêt de Dreux, à Rambouillet, à Saint-Germain, à Mont-morency, à Chantilly, à Ermenonville. Il abonde aux environs de Versailles, à Chevreuse, à Château-Fort, dans les prairies de Milon, de St-Lambert, de l'abbaye de Port-Royal. O mes promenades parisiennes, qu'êtes-vous devenues! Toujours votre souvenir se mêlera pour moi à l'arôme de mes fleurs aimées. Boulogne, Meudon, Fleuri, à travers l'ombre du passé, je vois vos allées ombreuses semées de petites centaurées aux étoiles d'un rose si doux, d'arrête-bœufs aux étendards roses, de parisiennes gazouilleuses, fauvettes de vos retraites enchantées.

10. Agaric élevé, vulgairement cluseau. Le chapeau de ce champignon, d'abord fermé, est de forme ovoïde, en cet état il ressemble assez à la baguette d'une grosse caisse; il est d'abord de forme ovale, s'évase ensuite peu à peu en forme de parasol, mais il est toujours plus ou moins mamelonné au centre, d'un roux panaché de brun, couvert d'écailles imbriquées, (placées en recouvrement comme les tuiles d'un toit.) formées par l'épiderme qui se soulève; les feuillets se terminent à une certaine distance du pédicule ils sont blanchâtres, libres, inégaux, le pédicule est panaché de blanc et de brun cylindrique, fistuleux, renflé à sa base, muni au sommet d'un collier mobile et persistant; ce champignon a peu de chair, mais il est très-savoureux. Son usage est très-répandu en France, en Allemagne, en Angleterre, et même en Espagne. Il faut le faire sauter dans de l'huile fine, après l'avoir assaisonné d'une pointe d'ail, de poivre et de sel; en quelques instants il est cuit. On le mange aussi en fricassée de poulet, cuit sur le gril, ou dans la tourtière, avec du beurre, des fines herbes, du sel et de la chapelure de pain. Les amateurs de champignons connaissent à peine l'agaric élevé

aux environs de Paris et de Versailles, il est pourtant assez commun dans les bois de Boulogne, de Saint-Cloud, de Meudon, de Jouy, de Bièvre. Dans le Haut-Languedoc, on va le cueillir dans les bruyères d'où lui vient le nom de bruguet, brugairol. On le mange cuit sur le gril et assoisonné d'huile d'olive.

11. L'oronge. Ce beau champignon, si renommé par son goût exquis, par son parfum délicat, était tellement estimé des Romains qu'ils l'appelaient champignons des Césars. Il est d'une forme ovoïde, et entièrement enveloppé d'une membrane blanche, en sortant de terre, mais bientôt son châpeau déchire le voile qui le protége; et continue de grandir jusqu'à ce qu'il ait acquis cinq pouces de diamètre. Ce chapeau est alors presque plane, orbiculaire, d'un jaune orangé, d'une teinte plus vive vers le centre, sa surface est douce, unie partout, excepté sur les bords qui sont sensiblement rayés. Les feuillets sont larges, épais, inégaux, sinués et d'un jaune d'or.

Le pédicule, à peu près de la même couleur, est plein bulbeux, haut de quatre à six pouces, entouré à sa partie supérieure d'un anneau jaune, large et rabattu. On le trouve, vers la fin de l'été, dans les bois peu couverts, principalement dans les bois plantés de châtaigniers. Il abonde dans l'Europe australe, en Italie et en France. Il est très-commun aux environs de Bordeaux et de Toulouse; dans les départements de la Charente, de la Dordogne, de la Haute-Vienne, de la Corrèze, de Lot-et-Garonne, du Tarn, de Aveyron, du Cantal, de l'Hérault, du Gard, du Rhône, de l'Ardèche, de l'Arriége, des Basses-Pyrénées.

12. Agaric des bruyères. Son chapeau offre presque toujours une teinte jaunâtre, il n'est pas d'un blanc pur. Le pédicule est grêle, cylindrique, plein, on le trouve dans les bois et parmi les bruyères. Il n'a rien de désagréable au goût, ni à l'odorat.

13. Agaric virginal. Ce petit champignon d'un blanc pur,

ressemble à une coupe d'ivoire. Son chapeau est d'abord convexe, et ensuite plane et ombiliqué, large d'environ deux pouces, strié et semi-transparent sur les bords, qui sont un peu rabattus. Les feuillets sont peu nombreux, entremêlés de demi-feuillets, et s'avancent sur le pied (décurrents). Il est commun sur les pelouses, vers la fin de l'été. Il est alimentaire et parfumé.

13. Agaric blanc-fauve. Son chapeau est orbiculaire, convexe, large de quatre à six pouces, d'un blanc fauve sur les bords, d'une teinte plus foncée vers le centre, parsemés d'écailles plus ou moins larges, applaties et roussâtres; les feuillets sont larges, blancs, recouverts en naissant d'une membrane de couleur rosée, qui se déchire à mesure que le chapeau s'évase, et forme ensuite autour du pédicule un anneau large légèrement denté sur les bords. Le pédicule est long de quatre à six pouces, d'un blanc rougeâtre épais écailleux et renflé à sa base, plus mince et marqué de petites lignes purpurines à son sommet. Ce champignon est très-commun dans les châtaigneraies de Bouzogles, ce nom est peu poétique, mais il respire pour moi les charmes de la bonté, j'y ai vu les dames X , sourire aux villageois sur le seuil de leurs humides demeures.

La chair de l'agaric blanc fauve est ferme, blanche, cassante, c'est un champignon médiocre que j'ai mangé cru sans aucun inconvénient, mais il ne faut pas l'essayer sans être bien sûr de son identité.

14. Agaric délicieux. Ce champignon ne justifie pas son nom. Il est visqu'eux, et d'une qualité médiocre, quoique alimentaire. Il a un chapeau large de trois à quatre pouces, presque plane, un peu déprimé au centre, réfléchi sur les bords, jaune en naissant, fauve ou d'un rouge de brique, le plus souvent uni, quelquefois zoné. Les feuillets sont inégaux, d'un jaune orangé, et couverts à leur maturité d'une poussière séminale verdâtre. Il est commun à Lachaume, à Colombey, aux environs de Bourganeuf. Le pédicule est jaune,

plein, long de deux ou trois pouces. Ce champignon, que les Allemands appellent Reitzer, à cause de sa saveur un peu piquante, contient un principe mucillagineux très-abondant qui annonce ses qualités nutritives; en Allemagne, on en fait des provisions pour l'hiver, et on le conserve confit dans la saumure ou dans le vinaigre.

C'est sans doute, à raison de la matière muqueuse qu'il fournit que le docteur Dufresnoy a fait son éloge dans les affections pectorales; il l'emploie avec la conserve de roses, le soufre, le sirop de mille-feuilles. La combinaison de ces substances peut être utile dans les catarrhes chroniques, mais dans les maladies graves de poumon, elle est impuissante, comme tous les autres secours.

15. Agaric en entonnoir. Chapeau large de 4 ou 5 pouces toujours creusé en entonnoir, plus ou moins sinué sur les bords, luisant, humide et d'un blanc jaunâtre ou grisâtre; les feuillets sont minces, étroits, inégaux, blanchâtres, souvent rameux, et légèrement décurrents sur le pédicule, qui est lui-même plein, épais, tantôt allongé et tantôt très-court, fibreux et velu à la base.

Cet agaric croît en automne dans les bois, sur des amas de feuilles sèches, auxquelles il adhère au moyen de fibrilles radicales nombreuses. Il répand une odeur forte, mais agréable; on peut l'employer comme aliment. Il est commun dans le bois des côtes, au-dessous de la propriété de Rigour, où j'ai cueilli tant de fois le myosotis, cette fleur du dévouement et des suprêmes adieux, qui a inspiré aux Allemands la suave romance de Rappelle-toi.

16. L'agaric luisant. (*agaricus splendens*) est également comestible. On le reconnaît à son chapeau charnu, déprimé, luisant, de couleur de cire, à ses lames minces, nombreuses, blanchâtres et décurrentes (s'avançant sur le pédicule); à son pédicule allongé, élastique, et velu. Il est commun à Rigour, et sous l'ombrage des chênes.

17. L'agaric violet. Ce beau champignon paraît avec un

chapeau arrondi, dont les bords sont liés au pédicule par une membrane lâche, soyeuse, semblable à une toile d'araignée. Dans son parfait développement, ce chapeau est large de trois ou quatre pouces, charnu, convexe, légèrement ondulé sur les bords, d'un violet pourpre, velu et comme peluché à sa surface, doublé de lames de la même couleur, épaisses, large, sdistantes entr'elles, et couvertes à leur maturité, d'une poussière séminale, de couleur ferrugineuse. Le pédicule est violet, épais, filandreux, tubéreux à sa base et muni d'un anneau fugace et peu marqué, on le trouve en automne dans les bois parmi les feuilles sèches. Toute sa substance est d'un blanc teint de violet, d'un goût de champignon assez agréable. J'en ai fait souvent usage, et je l'ai trouvé de bonne qualité.

Le genre des Bolets (vulgairement ceps) est représenté dans notre pays par le bolet bronzé, le bolet comestible et ses variétés, le bolet rude et le bolet orangé, espèces alimentaires, le bolet pernicieux, le bolet poivré, le bolet azure, le bolet blanchâtre espèces vénéneuses. Bolet bronzé. Dans nos départements méridionaux, on appelle cette espèce cep noir, ou cep bronzé, elle présente un chapeau arrondi, convexe, fort épais, un peu ondulé en ses bords larges de trois à six pouces, d'une couleur fuligineuse ou d'un brun noirâtre, avec une légère teinte de rouge qui lui donne un aspect velouté; sa chair est blanche, ferme, un peu vineuse vers la peau. Les tubes sont très-fins, d'un blanc de lait ou d'un jaune de soufre, le pédicule est tantôt cylindrique, d'une grosseur à peu près égale dans toute son étendue, tantôt renflé à sa base, d'un blanc jaunâtre, brun ou fauve, plus ou moins réticulé. Quelques amateurs trouvent le cep bronzé plus délicat que le cep ordinaire. Il cache sous sa robe enfumée, une chair ferme, appétissante, d'un blanc de neige, d'un parfum suave. Il faisait les délices du célèbre auteur de l'Almanach des gourmands, qui l'appelait tête de nègre. On rencontre ce champignon dans les bois humides, on le trouve aussi dans les bois des environs de Paris, depuis le mois de juillet jusqu'au mois d'Octobre, dans les bois de Marly, de Vaucresson, de Ste-Généviève, de Chevreuse, de Rambouillet. Le docteur Pouget l'a récolté dans les bois de Mont-Fermeil : je l'ai trouvé une fois sur les bords du ruisseau du moulin de Bouzegles. La variété à tubes jaunes, se trouve en Gascogne, aux environs d'Auch. Vous pouvez nous croire, nous ne sommes pas de ce dernier pays.

Le bolet comestible, vulgairement appelé cep, potiron, est une excellente espèce, que l'on reconnaît à son chapeau plus ou moins large, convexe, un peu ondulé sur les bords, d'une couleur fauve, quelquefois d'un rouge de brique, quelquefois blanchâtre, ou plus ou moins brun, sa substance intérieure est ferme, d'un blanc inaltérable au contact de l'air. Ses tubes sont réguliers, très-fins, d'abord blancs, ensuite jaunes, d'une teinte olivâtre. Le pédicule est épais, tubéreux, plus oumoins renflé à sa base, quelquefois très-élevé, quelquefois très-court, légèrement réticulé, blanchâtre ou fauve, souvent atteint par les limaces ainsi que le chapeau ; il ne faut cependant pas croire que les limaçons n'attaquent que les champignons alimentaires. Ils se nourrissent même des champignons vénéneux et puisent la vie dans ces coupes empoisonnées où nous puisons la mort, parce que l'estomac d'un mollusque n'a aucune analogie avec celui d'un mammifère ; mais les chèvres, les moutons, mammifères comme nous ne mangent jamais que les bons, tels que les ceps alimentaires dont ils sont friands.

Bolet rude. Cette espèce n'a ni le goût, ni le parfum des véritables ceps, elle est très-commune dans nos bois en été et en automne. On la reconnaît a son pédicule, hérissé de petites aspérités ou écailles noirâtres, haut de cinq à six pouces, plein, cylindrique, un peu renflé à sa base, aminci à sa partie supérieure. Son chapeau est charnu, hémisphérique, large de trois à six pouces, tantôt d'une couleur cendrée, ou d'un jaune terne, tantôt brunâtre ou fuligineux. Les tubes sont allongés, ordinairement blancs, ou d'un gris de perle, quelquefois roussâtres. Sa chair est blanche, un peu molle, d'un goût légèrement acide. On peut en toute sûreté faire usage de ce champignon, surtout quand il est jeune et dans son premier développement.

Bolet orangé. Ce beau champignon est très-commun en automne sur la lisière de nos bois ou dans nos bruyères. Il croît abondamment dans les bois de Ste-Geneviève, de Meudon, de Gonard, de Satory, de Ville-d'Avray, il est très-reconnaissable à son chapeau orbiculaire, bombé, ordinairement très-ample, de couleur orangée ou fauve, quelquefois d'un rouge brun ou d'un roux très-tendre, doublé de tubes allongés très-fins, d'un blanc mat, ou de couleur paille à leur orifice, à son pédicule élevé, blanchâtre, couvert de petites écailles rousses, quelquefois très épais, quelquefois renflé au milieu, ou d'une grosseur égale, excepté au sommet où il est un peu plus mince : la chair de ce champignon est blanche, parfois d'une teinte rosée, un peu visqueuse, surtout après les grandes pluies ; au reste il n'a rien de malfaisant, mais il n'a pas le parfum du cep.

Ceps à la Bordelaise.

On choisit les plus jeunes individus, ou du moins ceux dont la chair est ferme, blanche, parfumée ; et après en avoir retranché la partie poreuse, ainsi que le pédicule, on les fait revenir pendant quelques instants sur le gril pour en dégager l'humidité surabondante, puis on les presse légèrement entre deux linges, on les essuie et on les fait cuire avec de l'huile d'olive, du persil et de l'ail hachés, du poivre et du sel. On ajoute vers la fin un peu de citron. Ce procédé diffère peu du mode de préparation que l'on suit à Bordeaux. On prend une partie des tiges les plus saines, et on en compose avec de l'ail, du persil, du poivre et du sel, un hachis qu'on fait revenir dans de l'huile d'olive fraîche, puis on ajoute les ceps passés sur le gril, et leur cuisson se termine dans le condiment.

Ceps aux fines herbes.

Après avoir épluché les ceps, on les laisse mariner pendant quelque temps dans l'huile avec poivre et sel, ensuite, on les fait cuire sur le plat ou dans la tourtière, avec du beurre frais, des ciboules, des échalottes, du persil et de l'estragon hachés menu, du gros poivre, du sel et de la chapelure de pain. A la campagne, on les mange cuits simplement sur le gril et assaisonnés de beurre, de sel et de poivre, ou bien on les fait frire dans la poêle avec du beurre, du saindoux ou de l'huile; dans les fermes des basses-Pyrénées, les maîtres, les domestiques et les ouvriers se régalent avec des ceps cuits au four sur un plat, et assaisonnés d'huile, d'ail et de persil. C'est quelquefois leur principal repas.

Voilà comme les aimait M. Grimaud de Caux, écrivain plein d'esprit et de verve et fin gastronome, mais il allait les cueillir lui-même dans les bois de Meudon. Faites comme lui, l'exercice doublera votre appétit et les ceps vous paraîtront meilleurs. On peut encore les préparer de la manière suivante :

Hatelets de ceps à l'Italienne.

Faites revenir vos ceps sur le gril, pressez-les dans un linge, et les coupez en quatre, six ou huit morceaux, suivant leur grosseur. Ayez autant de petites lames de lard, enfilez tour à tour un morceau de cep, et un morceau de lard jusqu'à ce que vos hatelets soient garnis, assaisonnez-les avec du sel, du poivre et du persil hachés; trempez-les dans l'huile et panez-les, faites les cuire sur le gril, et arrosez les de temps en temps avec l'huile qui a servi à l'assaisonnement.

Potage au ceps.

Coupez par tranches une demi-douzaine de ceps épluchés

avec soin ; mettez-les dans une casserole avec du sel, du gros poivre, un peu de muscade, une livre de maigre de jambon émincé, une demi-livre de croûte de pain et quatre onces de beurre frais; faites cuire le tout sur un feu vif pendant une heure, et mouillez de temps en temps avec de l'excellent bouillon. Passez ensuite à travers une étamine, remettez votre purée sur un feu doux, en ajoutant du bouillon pour l'éclaircir; laissez mijoter pendant 20 minutes, et versez le tout dans votre soupière, après y avoir mis des croutons passés au beurre; surtout que le potage soit chaud et d'un bon goût et que le tout soit couronné par un vrai moka offert sur l'autel de l'amitié.

Mais reprenons le fil de nos descriptions, interrompu par ces recettes gastronomiques. Nous avons vu les bons, voilà les méchants : bolets malfaisants ; Bolet pernicieux. Cette espèce justifie parfaitement son nom par ses propriétés délétères. Elle porte le plus souvent un chapeau très-ample, creusé en voûte, épais, d'une couleur jaune ou fauve, quelquefois d'un gris olivâtre ou d'un jaune livide. Les tubes sont allongés, égaux, jaunes intérieurement, d'un rouge de sang à leur orifice, quelquefois d'un rouge brun, ou couleur de brique pilée et quelquefois aussi d'une teinte jaunâtre. Le pédicule, ordinairement épais, renflé à sa base, et quelquefois aminci, haut de quatre à cinq pouces, jaune, rougeâtre, ou marqué dans toute sa longueur de stries de couleur amaranthe, où, si vous aimez mieux, de couleur rouge, ce même pédicule est spongieux, jaunâtre intérieurement. Il est commun partout, il est d'autant plus essentiel de le distinguer qu'il croît souvent à côté du bolet comestible, et qu'il expose ainsi les ignorants à faire succéder à la joie d'un repas de famille, d'éternels voiles de deuil. Puisse le flambeau bienfaisant de la science conjurer ces tristes horreurs, ces agonies glacées, avant-coureurs du glas funèbre, suites fatales d'une méprise irréparable. Le bolet pernicieux a du reste un caractère qui lui est propre, et qui annonce en général des qualités suspectes. La chair du chapeau est molle, visqueuse, naturellement jaune; mais aussitôt qu'on l'entame ou qu'on la froisse, elle prend, ainsi que les tubes et le pédicule, une teinte grisâtre, verte, bleue, brune, ou d'un noir de fumée. Elle exhale d'ailleurs une odeur forte, nauséeuse, analogue à celle du foie de soufre et elle contient un principe résineux très-délétère. Gardez-vous bien de faire usage du faux cep que nous venons de vous signaler, un jeune chirurgien des hopitaux militaires avait mangé deux champignons cuits sur le gril, et assaisonnés avec de l'huile, du poivre et du sel. L'un était le cep ordinaire, et l'autre le bolet à tubes rouges ou couleur de cinabre, comme il fut aisé de s'en convaincre par quelques fragments qui avaient été conservés avec la partie tubuleuse. Quelque temps après son repas, ce jeune homme éprouva une chaleur intense à la gorge et dans la région épigastrique, avec des vomissements, des tranchées, des spasmes accompagnés d'une grande faiblesse. Le médecin qu'on appela à son secours, lui trouva le pouls serré, convulsif, la peau brûlante, le ventre ballonné et très-douloureux; il avait cependant bu une grande quantité d'eau tiède et vomi les champignons à moitié digérés. Le médecin prescrivit de suite des lavements huileux et des fomentations émollientes sur l'abdomen. Le malade prit en même temps un grain d'extrait d'opium, dissous dans une cueillerée d'eau de fleur d'oranger, une heure après, son état offrant peu d'amélioration, le docteur administra encore deux grains d'opium en deux doses, et, grâce à ce puissant remède, tous les accidents eurent bientôt cessé. L'opium possède des vertus admirables dans les empoisonnements suivis d'une irritation violente, dans les coliques, dans les spasmes des viscères abdominaux, etc. mais il faut savoir saisir le moment de son emploi, et ce dangereux narcotique ne doit jamais être administré que par un médecin qui seul peut prescrire la dose convenable au malade. De terribles empoisonnements ont lieu, lorsque des mains inexpérimentées emploient l'opium, qui devient alors un poison énergique, par son action narco-tico-âcre, tandis qu'entre les mains d'un sage médecin, il aurait ravi sa proie à la mort. Beaucoup des disciples d'Hippocrate n'acceptent cependant pas cette opinion à l'égard des vertus de l'opium, mais des faits nombreux militent en sa faveur, et l'art de guérir n'est-il pas surtout une science de faits et d'observations. Le professeur Delle Chiaje, qui rapporte cette observation dans son excellent ouvrage intitulé : Enchiridio di tossicologia, Manuel de Toxicologie, y joint un autre empoisonnement qui eut des suites beaucoup plus graves. Le chevalier de P. et son domestique, avaient mangé de ces mêmes champignons préparés en salade; le maître tomba dans un état d'assoupissement, et tout son corps se couvrit d'une éruption pustuleuse. C'est en vain qu'on lui donna des boissons acidulées, des potions rafraîchissantes et autres remèdes, les membranes digestives furent rapidement frappées de gangréne. Le domestique du défunt éprouva seulement quelques symptômes d'irritation dans les viscères. C'est donc à tort que Richard, dans ses éléments d'histoire naturelle médicale, dit qu'aucune espèce du genre bolet n'est véritablement vénéneuse. — Bolet poivré. Son pédicule est jaune, cylindrique, peu épais, haut de deux ou trois pouces, son chapeau orbiculaire, plane, un peu visqueux, d'un jaune plus ou moins foncé, quelquefois d'une teinte fauve. Les tubes sont assez grands, d'une couleur rougeâtre ou ferrugineuse, surtout à leur orifice, et s'avancent jusques sur le pédicule. La chair de ce chapeau est ferme, d'un jaune de soufre, un peu rougeâtre près des tubes; elle ne change pas de couleur quand on l'incise, mais elle est d'une saveur âcre et poivrée. On trouve ce champignon, en automne, dans les bois. Un fragment de la grosseur d'une noix, que le docteur Reques a avalé cru et mêlé avec un peu de pain, lui a causé une heure après une sensation douloureuse à l'épigastre mais elle s'est dissipée peu à peu sans aucun accident.

Bolet azuré. Indigotier (Boletus cyanescens de Bulliard). Ce bolet délétère présente, quand on le rompt, un changement de couleur fort remarquable, les couches blanches du tissu intérieur, mises en contact avec l'air, se couvrent d'une teinte d'indigot, qui finit par passer au jaunâtre. Il a un pédicule haut de deux ou trois pouces, d'un gris jaunâtre, épais à sa base, plus mince, comme étranglé et blanc à sa partie supérieure; son chapeau est charnu, convexe, orbiculaire, large de trois à quatre pouces, de la même couleur que le pédicule; les tubes, d'un blanc pur à leur naissance, deviennent d'un blanc grisâtre en vieillissant; sa chair est épaisse, ferme, blanche, mais, comme nous l'avons déjà dit, elle se teint d'un bleu d'azur aussitôt qu'on l'entame. On le trouve en août et en septembre dans les bois de Marly, de la Malmaison, de Vésinay et dans tous les nôtres. En général, on attribue des propriétés vénéneuses à tous les champignons qui changent de couleur quand on brise leur tissu. Il ne faut pas trop généraliser ce principe, qui est d'une vérité relative. En effet, il existe des champignons vénéneux dont la chair reste blanche au contact de l'air, tels que l'agaric citrin, l'agaric vénéneux, l'agaric bulbeux, la fausse-oronge, mais, ce qu'on ne saurait contester, c'est que, quelques espèces très-délétères, ne conservent point leur nuance primitive, tandisque les champignons les plus salubres, tels que ceux de couche ou de prairie, les mousserons, oronges, les ceps, ont une pulpe qui se distingue par une blancheur permanente. Quant au bolet azuré, il est prudent de l'inscrire sur notre liste de suspects.

Bolet blanchâtre. Cette espèce se colore également en bleu, aussitôt qu'on incise sa substance; mais elle diffère du bolet azuré par ses tubes d'un jaune serin ou paille. Son pédicule est blanchâtre, cylindrique, un peu ventru à la base, plus mince et teint de jaune au sommet, haut d'environ trois pouces; il porte un chapeau voûté, d'un blanc grisâtre ou cendré, doublé de tubes fins, presque tous égaux, et d'un jaune plus ou moins prononcé. Sa chair naturellement blanche prend une couleur bleue aussitôt qu'on la froisse, surtout vers la partie voisine du pédicule, mais cette couleur disparaît peu à peu au bout de quelques minutes. Elle est d'un goût douceâtre, d'une odeur peu marquée. Il ne faut pas en faire usage. On le rencontre à la fin d'août, dans les bois, mais il est rare.

Bolet chrysentère (*Grec chrussos*, or, à cause de la couleur jaune de la partie inférieure du chapeau). Cette espèce varie beaucoup par sa forme, sa couleur et ses dimensions. Son pédicule est cylindrique, fibreux, grêle ou épais, aminci ou renflé à sa base; d'une couleur jaune ou rougeâtre, quelquefois parsemé de lignes purpurines, disposées en réseau. Les tubes sont d'un beau jaune, larges, irréguliers, très-faciles à détacher de la substance charnue qui est molle, jaune, et prend une teinte grisâtre, verdâtre, ou bleuâtre, lorsqu'on l'entame. Tous nos bois produisent abondamment le bolet chrysenthère depuis le mois de juillet jusqu'au mois d'octobre. On le trouve aussi dans nos départements méridionaux où il acquiert de plus fortes dimensions; ses tubes jaunes, très-dilatés, et sa tige, ordinairement grêle, plus ou moins rougeâtre, ou couleur de lie de vin, le font distinguer aisément des véritables ceps. Bien qu'il figure parmi les champignons comestibles dans quelques traités sur les champignons, il est prudent de s'en abstenir, d'ailleurs il n'a rien d'agréable au goût, ce serait compromettre sa santé sans aucune compensation.

Le genre Phallus est représenté dans la Creuse par un champignon à odeur cadavéreuse, que les habitants de la campagne, connaissent sous le nom de chancre, parce qu'ils prétendent qu'il communique cette dévorante maladie à ceux qui l'ont touché. Le chapeau est perforé à son sommet, marqué de crevasses polygones, d'où sort une liqueur visqueuse dans laquelle les semences sont mélangées. Le pédicule est enveloppé à sa base d'une bourse ou volva. Il croît vers la fin de l'été, dans les bois. C'est le Phallus impudique de Linné et de Bulliard. De Candolle le décrit aussi dans la Flore française, 577, Desvaux dans la Flore de l'Anjou, page 13. Il exhale une odeur infecte, qui se répand au loin et annonce sa présence. Il est commun aux environs de Bourganeuf, à St-Junien la Bregère, à Saint-Martin-Chateau, etc.

Terminons par quelques réfléxions hygiéniques et médicales. Si quelqu'un de nos lecteurs voulait faire usage d'un champignon qu'il ne connaîtrait pas, il devrait par précaution le faire infuser dans du vinaigre où il ajouterait de l'eau et du sel. En jetant le liquide qui se serait emparé du principe vénéneux des champignons suspects, il pourrait dès lors manger sans crainte toute espèce de champignons. La chimie a prouvé en effet que le principe vénéneux des champignons est soluble dans l'alcool, dans l'éther, dans le vinaigre. On ne connaît encore aucune substance capable de neutraliser le principe vireux des champignons. Les acides végétaux, l'éther sulfurique, qu'on a présenté comme des antidotes, ne sont que des accessoires, et ne peuvent être employés utilement que lorsque le poison a été entraîné hors du corps par des émétiques et par des purgatifs. Le lait, les huiles récemment exprimées, la thériaque, l'opium, jadis trop vantés, trop négligés peut-être aujourd'hui, ne sont pas non plus des contre-poisons, mais leur emploi méthodique ne peut qu'être très-avantageux.

Il est très-essentiel, lorsqu'on est appelé pour remédier à un empoisonnement, de distinguer ses différentes périodes, et d'examiner avec soin l'état des forces vitales. Si l'empoisonnement est récent, il faut expulser le plus promptement possible les champignons du canal alimentaire.

Les anxiétés précordiales, les nausées, les vomissements spontanés indiquent la marche à suivre. Hâtez-vous de seconder les efforts de la nature par une abondante boisson d'eau tiède et par le chatouillement du gosier. Si ces premiers moyens sont insuffisants, administrez l'émétique sans retard alors faites dissoudre quatre ou cinq grains de tartrate antimonié de potasse dans une livre d'eau que vous distribuerez par tasses de quart d'heure en quart d'heure. MM. Paulet et Orfila veulent qu'on ajoute à cette dissolution cinq ou six gros de sulfate de soude. Cette addition est d'autant plus utile que la matière vénéneuse a pénétré dans les intestins ; mais si le poison a été avalé depuis peu de temps, si son action paraît se borner à l'estomac, il serait dangereux de provoquer les déjections alvines par des sels ou autres purgatifs qui pourraient entraîner les champignons dans le conduit intestinal, et exposer ainsi une plus grande surface à leur action délétère; quelques auteurs ont indiqué l'ipécacuanha comme un des meilleurs vomitifs, et ont rejeté les préparations antimoniales. Dans les cas de stupeur profonde, cette racine n'est pas assez énergique pour exciter les membranes de l'estomac. Il faut leur préférer le tartre émétique; il est même nécessaire, dans quelques circonstances, de l'administrer à haute dose. Le professeur Joseph Franck fut obligé d'en donner quarante grains dans un semblable empoisonnement.

Lorsque les vomitifs ordinaires sont insuffisants, une légère infusion de tabac à fumer, ou quelques grains de sa poudre, délayés dans un peu d'eau, offrent un vomitif efficace. Joignons l'exemple au précepte.

Plusieurs soldats furent empoisonnés avec des champignons récoltés dans les bois de la Volhynie. Le docteur Ménich, appelé à leur secours, leur administra d'abord l'émétique, dont l'action ne fut pas assez puissante pour leur faire rejeter le poison. Alors il se détermina à donner à ceux qui n'avaient point vomi, une décoction de tabac, qui fut suivie d'un prompt succès.

On peut employer également le sulfate de zinc ou le sulfate de cuivre, le premier à la dose de huit à dix grains, le second à celle de trois ou quatre grains dissous dans une tasse d'eau. Ces vomitifs énergiques conviennent surtout lorsque l'engourdissement et la stupeur annoncent une lésion profonde de la sensibilité. On favorise en même temps leur action par l'irritation mécanique du larynx.

Lorsque le sujet est d'une constitution irritable ou atteint d'une hémorrhagie, on doit préférer les purgatifs aux émétiques, ou bien remplacer le tartre stibié et autres agents trop actifs par quinze ou vingt grains d'ipécacuanha, vomitif beaucoup plus doux. Dans les cas de grossesses quelques médecins ont proscrit toute sorte de vomitifs ; nous pensons différemment lorsque leur indication est bien précise. Si l'on n'évacue promptement le poison, on expose au contraire la vie de la mère et de l'enfant ; mais alors il faut administrer ces médicaments avec prudence et à des doses plus faibles. L'enfance ne doit pas non plus faire exclure l'émétique, les enfants le supportent très-bien, et Bulliard a tort de leur interdire un remède, qui, dans certaines circonstances, peut leur sauver la vie.

Les vomitifs sont en général, le moyen le plus prompt, le plus efficace, qu'on puisse opposer à l'empoisonnement par les champignons. Nous devons ajouter qu'il n'y a pas un instant à perdre, si l'on veut prévenir l'inflammation des tuniques de l'estomac, et en même temps l'absorption de la matière vénéneuse, d'autant mieux que le trismus ou la contraction des mâchoires vient souvent se joindre aux autres symptômes, et rend plus difficile l'administration des médicaments.

Les vomitifs peuvent encore être avantageux dans l'état avancé de l'empoisonnement, et il ne faut pas que la violence des symptômes, et la crainte d'une congestion cérébrale, nous fassent renoncer à d'aussi grands remèdes, surtout si le malade n'a pas eu d'évacuations. Dans le plus grand nombre d'empoisonnements causés par les champignons et autres végétaux, c'est quelquefois la seule ancre de salut. Les vertiges, les convulsions, les battements orageux du cœur, les faiblesses, le trouble des sens, et autres symptômes non moins graves, sont souvent vaincus par l'émétique : Les purgatifs conviennent particulièrement lorsque les champignons ont été entraînés dans le tube intestinal. On les rend plus ou moins actifs, suivant la force ou l'état du malade. Une dissolution de deux ou trois onces de manne, et de cinq ou six gros de sulfate de magnésie, dans environ douze onces d'eau, forment un évacuant très-convenable qu'on donne en deux ou trois doses. Ce purgatif peut être remplacé par quelques cueillérées d'huile de ricin. On prescrit en même temps des lavements préparés avec du miel, du sené et du sulfate de soude. Dans quelques cas, la constipation est très-opiniâtre; il faut, pour la vaincre, employer des lavements plus énergiques. On les prépare alors avec une décoction légère de tabac. Nous devons ajouter que cette décoction, administrée sous la forme de clystère, a quelquefois provoqué le vomissement de la manière la plus prompte, lorsque tous les vomitifs avaient échoué. Mais il faut renoncer aux émétiques et aux purgatifs, lorsque des douleurs atroces annoncent l'inflammation du tube intestinal; on sent bien que ce serait alors introduire un nouveau poison dans les voies alimentaires.

L'expulsion de la matière vénéneuse est sans doute d'un immense avantage; toutefois on voit assez souvent la stupéfaction, l'engourdissement et une sorte de malaise lui survivre; alors rien n'est plus propre à dissiper ces symptômes que les boissons acides. On donne en conséquence à des intervalles rapprochés, de l'eau acidulée avec un cinquième de vinaigre, du suc de citron d'orange, de groseilles, etc.

Les lavements, les fomentations d'eau vinaigrée sur la région abdominale sont également convenables; on les emploie lorsque la déglutition est impossible ou très-difficile. Le café, par son action stimulante, est quelquefois aussi d'un grand secours après l'usage des vomitifs. Son emploi a réussi à une famille de Mont-Boucher (Creuse), empoisonnée par des fausses oronges (variété à tâches blanches). Un des membres de cette famille, prêtre aujourd'hui, m'a raconté qu'ils avaient été sauvés par l'emploi du thé et du café, qui avaient provoqué l'expulsion de la matière vénéneuse, en stimulant l'estomac. On peut donner l'infusion de café alternativement avec les acides. On administre également l'éther sulfurique ou alcoolisé, à la dose de 20 à 30 gouttes, dans deux cueillérées d'eau sucrée ou édulcorée avec un peu de sirop de gomme arabique, et on répète ce mélange plus ou moins souvent d'après la gravité des symptômes. Nous devons au reste observer que les acides, l'éther, la liqueur d'Hoffmann; et autres préparations alcooliques, sont préjudiciables, lorsque les champignons sont dans l'estomac. Ces liquides, en dissolvant leurs principes actifs, favorisent leur absorption et aggravent ainsi les accidents. Il ne faut y avoir recours que lorsqu'il y a eu des vomissements, soit spontanés, soit provoqués par l'art, ou lorsque l'état avancé de l'empoisonnement fait présumer que l'absorption des mollécules vénéneuses est accomplie.

On croît généralement que les acides et l'éther sulfurique, administrés à haute dose, peuvent neutraliser les principes délétères des champignons. Ils contribuent sans doute à dissiper l'état de somnolence et d'engourdissement; mais ils sont très-nuisibles, même après l'évacuation des champignons, si le canal alimentaire est enflammé. Il faut alors leur préférer les émollients, tels que l'eau de mauve légèrement sucrée. Il en est de même d'un nouveau remède prôné par le *Dictionnaire des sciences médicales*. C'est une sorte, d'elixir préparé avec de l'alloès, de la myrrhe pulvérisée, de la résine, du gayac et de l'eau-de-vie. On recommande d'en prendre un petit verre à chaque vomissement. Il a pu être utile dans quelques indigestions, mais lorsque ce qu'on appelle indigestion n'est autre chose qu'une inflammation aiguë du canal alimentaire, le nouveau remède agit lui-même comme poison, et entraîne dans la tombe le malade qu'aurait pu sauver une méthode adoucissante et antiphlogistique. Cette méthode de traitement, d'une efficacité incontestable dans la plupart des empoisonnements produits par les champignons, doit être proscrite, s'il existe une irritation vive, une inflammation caractérisée des organes digestifs. Alors il faut s'attacher à combattre la gastro-entérite par des boissons tièdes, émollientes, gommées, par l'huile récente d'amandes douces ou d'olive, le lait coupé, le sirop d'orgeat, de violette ou de guimauve; par des fomentations anodines sur l'abdomen, des lavements préparés avec de la mauve, de la graine de lin, de l'huile; par l'application des sangsues, des ventouses scarifiées sur la région épigastrique ou sur les parties les plus sensibles, enfin si les douleurs sont très-aigües. Si le pouls est dur et fréquent, pulsus, creber, crepitans, anhelans, irregularis, disait le médecin de Louis XI, si le sujet est dans un état de vigueur et de jeunesse, on ne doit pas craindre d'employer les saignées générales.

Dans quelques cas, la congestion imminente du cerveau, exige également les saignées générales, l'application des sangsues aux tempes ou aux parties latérales du cou. Leur indication se déduit de la plénitude et de l'embarras du pouls, de la rougeur ou de la tuméfaction de la face, de la gêne de la respiration, enfin de cet état de torpeur et de somnolence qui annonce que le poison agit à la manière des substances narcotiques. Lorsque, avec cet appareil de symptômes, on néglige les déplétions sanguines, il n'est pas rare de voir l'empoisonnement se terminer par une apoplexie mortelle.

FIN.

TABLE.

FIN DE LA TABLE.

ERRATAS.

A la page 6, ligne 6, au lieu de et, lisez est.

A la page 8, ligne 12, au lieu d'adipocère, lisez adipocire.

A la page 9, ligne 8, au lieu de accicents, lisez accidents.

Page 18, au 4°, lisez sous les chênes; foie de veau, lisez foie.

Page 19, à l'avant-dernière ligne, lisez vallon de Buc.

Page 20, ligne 13, lisez aux lèvres roses.

Page 21, ligne 6, lisez dans quelques départements du Midi on désigne.

Page 23, ligne 32, lisez on les appelle moussérous.

Page 26, ligne 9, au lieu de champignons, lisez champugnons.

BOURGANEUF. — IMPRIMERIE DE BUISSON.

www.ingramcontent.com/pod-product-compliance
Ingram Content Group UK Ltd.
Pitfield, Milton Keynes, MK11 3LW, UK
UKHW020450180726
13839UKWH00004B/1749

9 782329 470078